★给孩子的博物科学漫画书★

剑灵之谜

甜橙娱乐 著

中国纺织出版社有限公司

图书在版编目（CIP）数据

寻灵大冒险. 4，剑灵之谜 / 甜橙娱乐著. --北京：中国纺织出版社有限公司，2020.9
（给孩子的博物科学漫画书）
ISBN 978-7-5180-7635-2

Ⅰ. ①寻… Ⅱ. ①甜… Ⅲ. ①热带雨林－少儿读物 Ⅳ. ① P941.1-49

中国版本图书馆CIP数据核字（2020）第127266号

责任编辑：李凤琴　　责任校对：寇晨晨　　责任印制：储志伟

中国纺织出版社有限公司出版发行
地址：北京市朝阳区百子湾东里A407号楼　邮政编码：100124
销售电话：010－67004422　传真：010－87155801
http: //www.c-textilep.com
官方微博http: //weibo.com/2119887771
北京利丰雅高长城印刷有限公司　各地新华书店经销
2020年9月第1版第1次印刷
开本：710×1000　1/16　印张：10.5
字数：120千字　定价：39.80元

推荐序

开启神奇的冒险之旅吧

在我的童年时代，《小朋友百科文库》是我所读科普类书籍的主要组成部分。十多年前，我就一直想把来自世界各地的雨林动物以动画的形式展现出来，后因种种事情的牵绊未能付诸实施。这次重新筹划，我不但感到欣慰，回忆昔日，心中充满了温馨。

这是一部充满雨林冒险与团队励志的长篇故事，让所有的小观众们不仅能领略雨林中的大千世界，还能体会剧中主角们勇往直前、坚韧不拔的毅力。更倡导全世界未来的小主人公们，一起关爱自然，维护我们共同赖以生存的家园并与自然界中的生物和谐共处。

从 2012 年开发《寻灵大冒险》3D 动画，到今天已经累计在全球 100 多个国家发行。相关漫画图书在世界范围内售出 400 多万册，成为许多国家家长和学校高度推荐的畅销书。

希望所有的小读者们能与父母一起亲子共读此书，家长饱含深情地给孩子朗读和演绎故事，按照故事情节变换不同的语调和声音，会增加孩子情绪分化的细腻性，有利于孩子情感体验和情绪表达的科学发展。大一点的孩子完全可以自主阅读了，或许你会和故事中的主角们一样的勇敢啊！

下面让我们和剧中的马诺、丁凯等主角们一起，开启这趟神奇的冒险之旅吧！

《寻灵大冒险》《无敌极光侠》编剧

2020 年 7 月

人物介绍

马诺 ♂

男，11 岁，做事有点马马虎虎，大大咧咧，暗恋兰欣儿，但对感情比较笨嘴拙舌，是全队的动力，时刻都会保护大家，待人很真诚。

丁凯 ♂

男，11 岁，以冷静见长，因为自己很有能力所以性格很强，虽然不能成为全队的领袖或者智囊，但可以在队伍混乱时，随时保持冷静的观察和谨慎地思考，因为和马诺的性格不同所以演变成了微妙的竞争关系。

兰欣儿 ♀

女，11 岁，看着像一个弱不禁风的小女孩，其实人小能量大，遇事沉稳，但难免有时会比较急躁，虽然总被惹事精的马诺所折磨，但觉得马诺在任何时候都会支持自己所以很踏实。

兰冰 ♂

男，7 岁，兰欣儿的弟弟，年纪比较小，需要全队来保护，但同时又机灵敏捷，像个小大人似的喜欢说成熟的话，是个喜欢昆虫的宅少年。

卓玛 ♀

女，12 岁，当地的土著人，淳朴善良勇敢，一直热心地帮助主角们渡过难关。

目 录

第一章

狭路相逢

孩子们走到了峡谷深处。
啊！
好险呐！
这里可真高啊！
有点小高哈！
不过不要紧，我的专长
就是在高处行走。
过了这座桥
再走几天就可以到
哈玛族要塞了。
不过，
这桥真的安全吗？
这得先确认一下。

怎么确认?
当然得走过去试一下。
可是要让谁走啊?
大家看向马诺。
谁？当然得是专业人士！
哇，奇奇，你的任务挺重的嘛!
哈哈!
奇奇太轻了，所以试也是白试，还是得专业人士去考察。
事实上，呃……

一直没好
意思跟你们说。
其实我有恐高症的，
你看这桥又窄又小的，
我还有幽闭恐惧症。
还一直盯着窗外
看个不停呢！
说什么呢？
之前坐直升机
的时候不是
挺兴奋的嘛！
而且还撒谎说
看到了巨型蛇呢！
我可没撒谎。
还说什么幽闭
恐惧症，要是有
危险你肯定是第一
个钻到洞里去的。
啊！那时我应该是恐高症犯了，
注意力不太集中所以看错了。
啊！那……
那只是本能
反应啊！人人都
有的生存本能。

行了。怕就直说呗！别装模作样了。
喂，才不是呢！
不如，那我去吧！
我好像比马诺更勇敢，所以还是有我去吧！
什么？
我先过去然后给你们发信号，到时你们再过去。
行了，我去！
老实说，我可比丁凯勇敢多了。
知道了，那你去吧！

摇晃
马诺，
你没事吧？
哦……
别担心！
咔嚓
马诺哥，
你还好吧？
马诺！
嗯！没……
没事。

都已经走了一半了，
现在回来也来不及了。
凯哥，是不是要
让马诺哥回来啊？
可是他现在已经
动不了了啊！
马诺，你可以的！
我会给你加油的！
欣儿在给我
加油！
跑
呼！
呼！
大家看到了吧！
这就是我天才
马诺的实力！
呵呵呵！刚才
还怕得要命，看现在
给你得意的。
吊桥好像
还挺安全的。

为以防万一，我在后面守着，就由你们先走吧！
知道了。
大家要小心脚下呀。
啊！
你们是？
我们是……
驯兽师的部下。
对，没错！

别过来！
小朋友你可要想好啊！我们是三个人而你却只有一个人。
没错，而且我们原本也没想伤害你。
只要乖乖地把剑交出来，一切都好说！桥上的人也会非常安全。
什么？你们说什么呢？
给我听好了，如果现在还不交出剑的话。
我们就把这桥……
立刻砍掉！

姐姐，
该怎么办哪？
要不直接
跑回去吧！
先冷静点，
等等看！
你们知道这剑
有多么危险吗？
就是因为知道所以
才让你交出来嘛！
我劝你最好
赶紧交出来！
阿泰！
剑没有反应。
他好像不太配合呀！
来，赶紧把绳子砍掉。
好！
你们先从绳子那边退过来，
我就把剑给你们。
等等！

是吗？那就先把剑
放在我面前，马上！
放下
等等！
停住
把它拿走，其实
那家伙的剑是山寨货。
山寨货？
那是什么意思？
就是假的！
好，我现在
就往后退。
去把那小子的剑
给我拿过来。

嘎吱
啊！
大个儿向下面看去。
啊！
摇晃
精神点，
你要是被吓倒了
那怎么办？
说谁被吓倒了？
别乱说！
最后面的，你去
把剑给拿过来！
哈哈！今天
你怎么这么聪明？
想到这么个好办法。
没想到还
挺机灵的嘛！
那对面的
家伙们把
绳子给砍断
了怎么办？
兰冰，我们现在
跑回去吧！
想想，桥上不是
也有他们的人吗？而且
这绳子应该不会轻易
就被砍断。
马诺，
快逃！

赶紧跑！
那些家伙都跑了！
赶紧把绳子砍断！
知道了！
咚咚
再等一下！
奔跑
怎么这么慢？快点，直接给我砍断！
咚咚咚
踢
砰

臭小子！
幸好我早有准备。
我也是。
我们可真是天才呀！
咚咚咚
这该怎么办哪？伟大的驯兽师大人，请为我们展现灵兽的力量吧！
绳子怎么砍不断啊？

飞来一只蜻蜓。
灵兽啊！快去把桥都给毁掉。让他们全部都掉下去吧！
砰
啊！
生命之光，释放！
苏醒吧！毒刺蜜蜂！
毒刺蜜蜂

苏醒吧！羽箭青鸾！
羽箭青鸾，快去帮帮毒刺蜜蜂！
嗖
砰
摇晃
啊啊

马诺抓紧了！
马诺哥，快把剑扔掉抓紧绳子！
剑不能扔！
奋力往上爬。
松手
羽箭青鸾，救我！
啊
马诺！

作战蜻蜓挡住青鸾。
毒刺蜜蜂，
快去救马诺！
作战蜻蜓又过来挡住。
被套住
噗
噗
落下
好，现在
就去把桥都
给毁掉吧！
怎么办？
什么？不，
不能把桥毁掉！

好，苏醒吧！
勇猛的战士！
他们肯定会破坏桥柱，等到他们离近了再进行袭击。
隐形之王，刀锋螳螂！
先等等，刀锋螳螂。
趁现在，急速攻击！
砰
什么？到底怎么回事？
砰
扑通

漂亮！
刀锋螳螂，回收！
这次换你了！
不错嘛！
干得漂亮，丁凯！
马诺！
马诺！
马诺哥！
马诺！

飞天鲸
啊
啊
啊?

知识加油站

作战蜻蜓

作战蜻蜓的原型是蜻蜓。蜻蜓属于节肢动物门昆虫纲蜻蜓目，是有益于人类的重要昆虫，分布在全世界，特别是热带地区，大约 6500 余种。蜻蜓目包括蜻蜓和豆娘。蜻蜓头大，复眼发达，单眼 3 个，触角刚毛状，大小约 1.7 ~ 19cm，生活在河流附近。体型较大，大部分带有美丽的颜色，有 3 对足，翅膀上有很多翅室，复眼有非常多小眼组成，口器也分成几部分，所以咀嚼东西很方便。寿命从 1 年到数年不等。

蜻蜓目为半变态发育，一生会经历卵、稚虫和成虫 3 个阶段。交配时，雄性利用腹部末端的抱握器抓住雌性脖子周围，这时雌性会把腹部弯曲到雄性腹部第 2 节上接受精子。产卵发生在交配后不久，通常是在同一地方。“蜻蜓点水”就是蜻蜓将卵产在水中，从卵中孵化出的蜻蜓幼虫会在水里用鳃呼吸，用强壮的上颚捕猎幼虫和鱼，逐渐长大后爬出水面进行羽化变为成虫。幼虫时期上颚强壮，捕食鱼类。成虫的蜻蜓会用足作为工具猎食小型昆虫，如蝴蝶、牛虻、飞虱、蜜蜂等。

蜻蜓化石在很多地方都曾被发现，包括中国、美国、法国、英国和俄罗斯。远古蜻蜓比我们想象中大得多。

第二章

梦幻的猪笼草

大鼻猴

嗒
嗒
嗒
吧唧
吧唧
推
吼
盖

孩子们在丛林里继续赶路。
水……我要水。
哇，水啊！
真奇怪，就算是山路，也不能一点水都没有啊！

啊！可恶！
你这个小偷！
这水应该是我的，
我的！
卓玛姐，马诺哥自从上次不小心坠崖后，好像变得越来越没有耐心了。
哼
想到达河边，最起码还要走一天的路呢！
一天？
现在肚子还饿着呢！
说不定这附近哪有露水，我先去找找看。
要不试一下在这儿直接蓄水吧！

直接蓄水?
怎么弄啊?

挖一个坑，往里面
放个树叶杯子。
再把上面盖住。
这样土里的水分
就会蒸发变成
水蒸气，最后便都
会液化成水。
哇哦，
太神奇了!
那我们赶紧
试试吧!

压
这要等到什么时候才能喝到水啊?
啊……

这本来是利用阳光蒸发成水蒸气，再用凉气把水蒸气变成水珠的蓄水方法。
可是，这几乎接触不到阳光呢！
还是去附近找找看有没有露水吧！我马上就回来。
我也去！不会让你一个人抢风头的。
马诺哥只要碰到能赢过凯哥的机会，就立马变得干劲十足呢！
那我也去附近找找看。

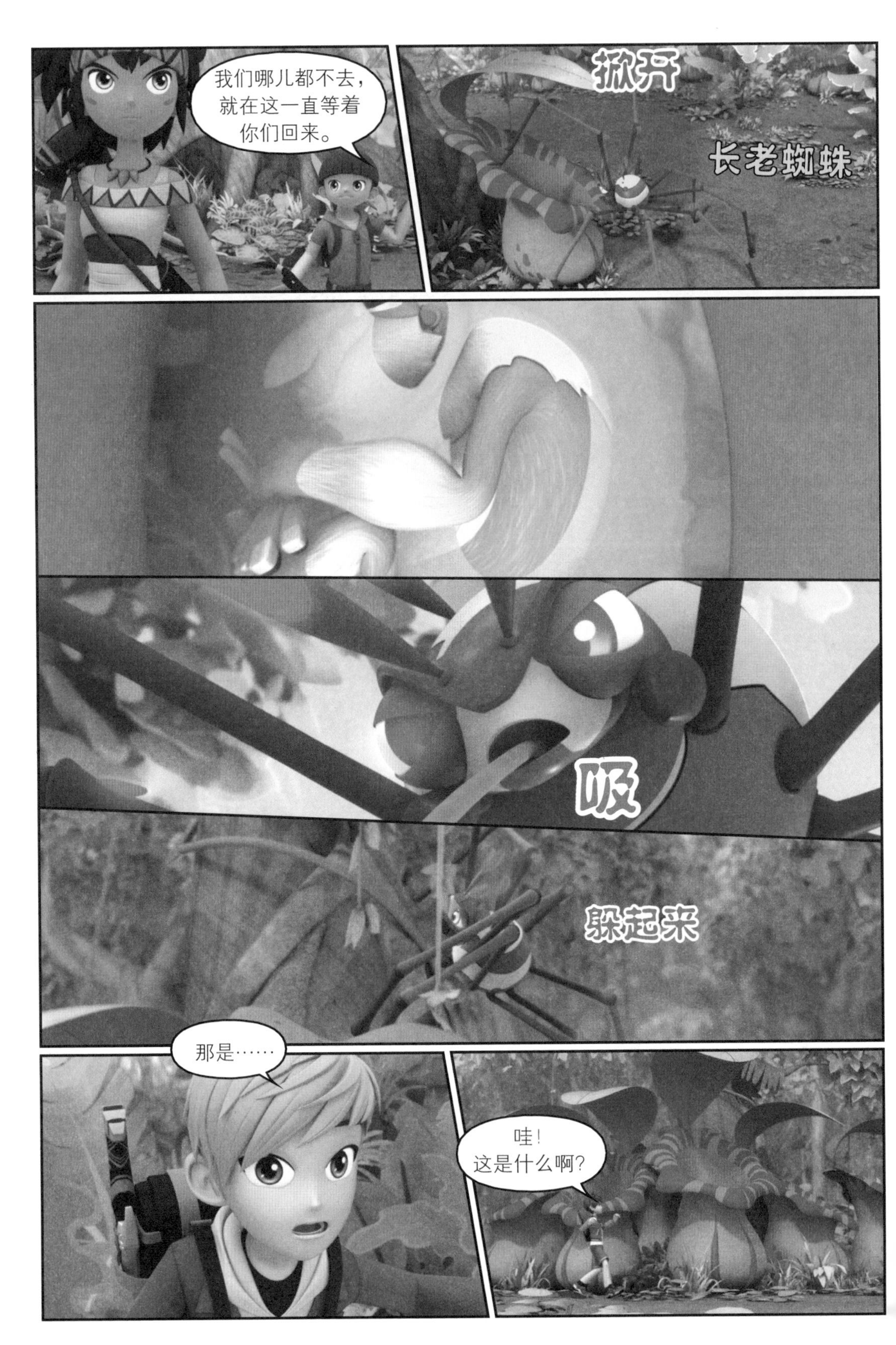
我们哪儿都不去，
就在这一直等着
你们回来。
掀开
长老蜘蛛
吸
躲起来
那是……
哇！
这是什么啊？

这叫食虫植物，叫猪笼草，
专门吃动物的。
利用里面的水引诱动物，
再把它们全部吞掉。
我知道了，就是说
花里有水是吧？
哈哈哈，小心点
不就行了嘛！
话是没错。
也是，小心点就行了！
毕竟是植物而已。
哇！
爽爆啦！真是
又甜又凉快！

哇！
欣儿，稍微
再等我一下。
哥先痛饮一番，
马上就赶回去哈！
嗯？
小心！

推
啊
盖
lucky
马诺！
lucky
砰

少许水
哎
大家要是没找到水，肯定都很累，那时候还要分水，还是先等等吧！
姐姐，咱们先喝点呗，不是还可以重新蓄水吗？
要是有净水机就好了！唉，真不知道原来水这么珍贵！
丁凯和马诺还没回来吗？
还没呢。

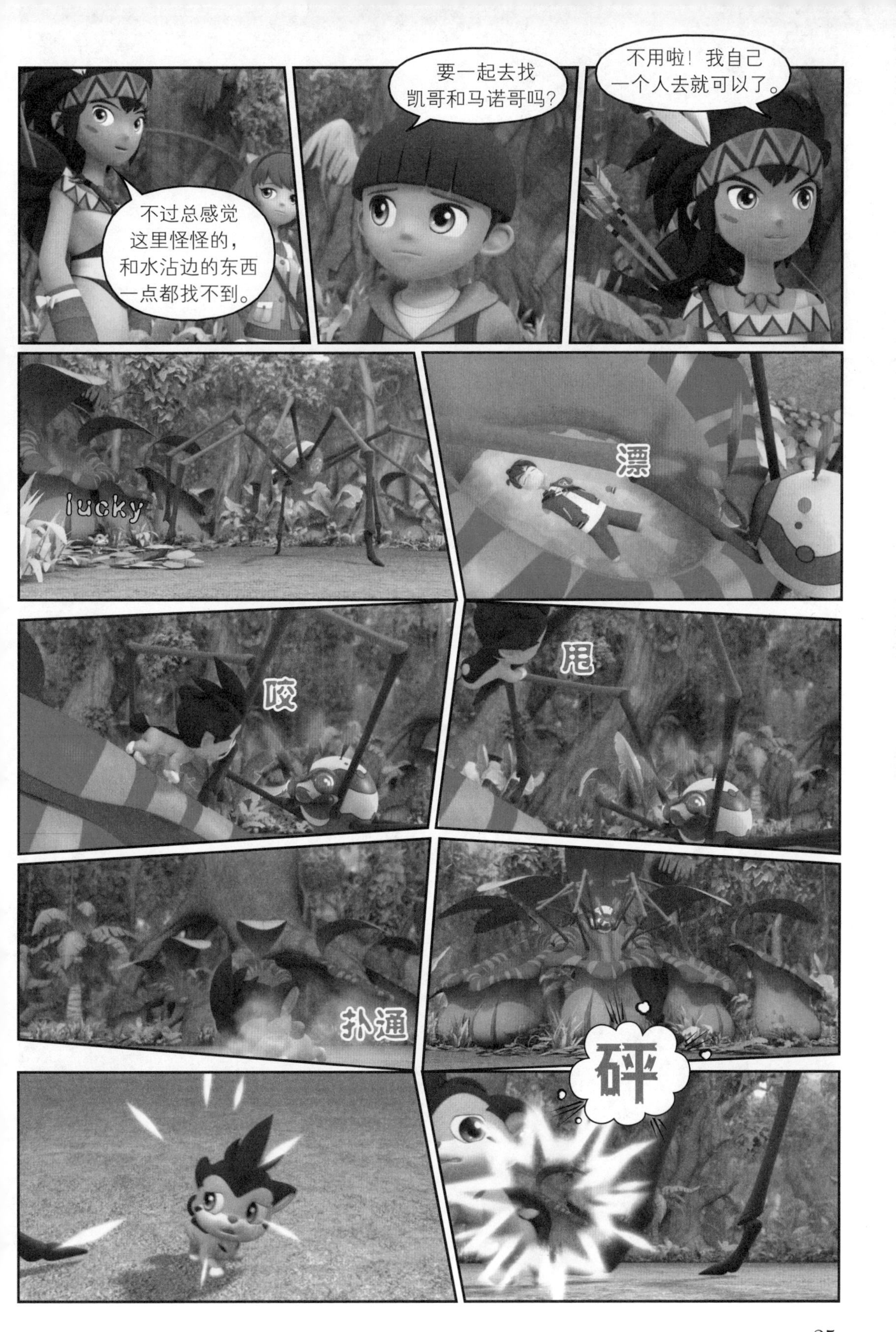
不过总感觉
这里怪怪的，
和水沾边的东西
一点都找不到。
要一起去找
凯哥和马诺哥吗？
不用啦！我自己
一个人去就可以了。
lucky
漂
咬
甩
扑通
砰

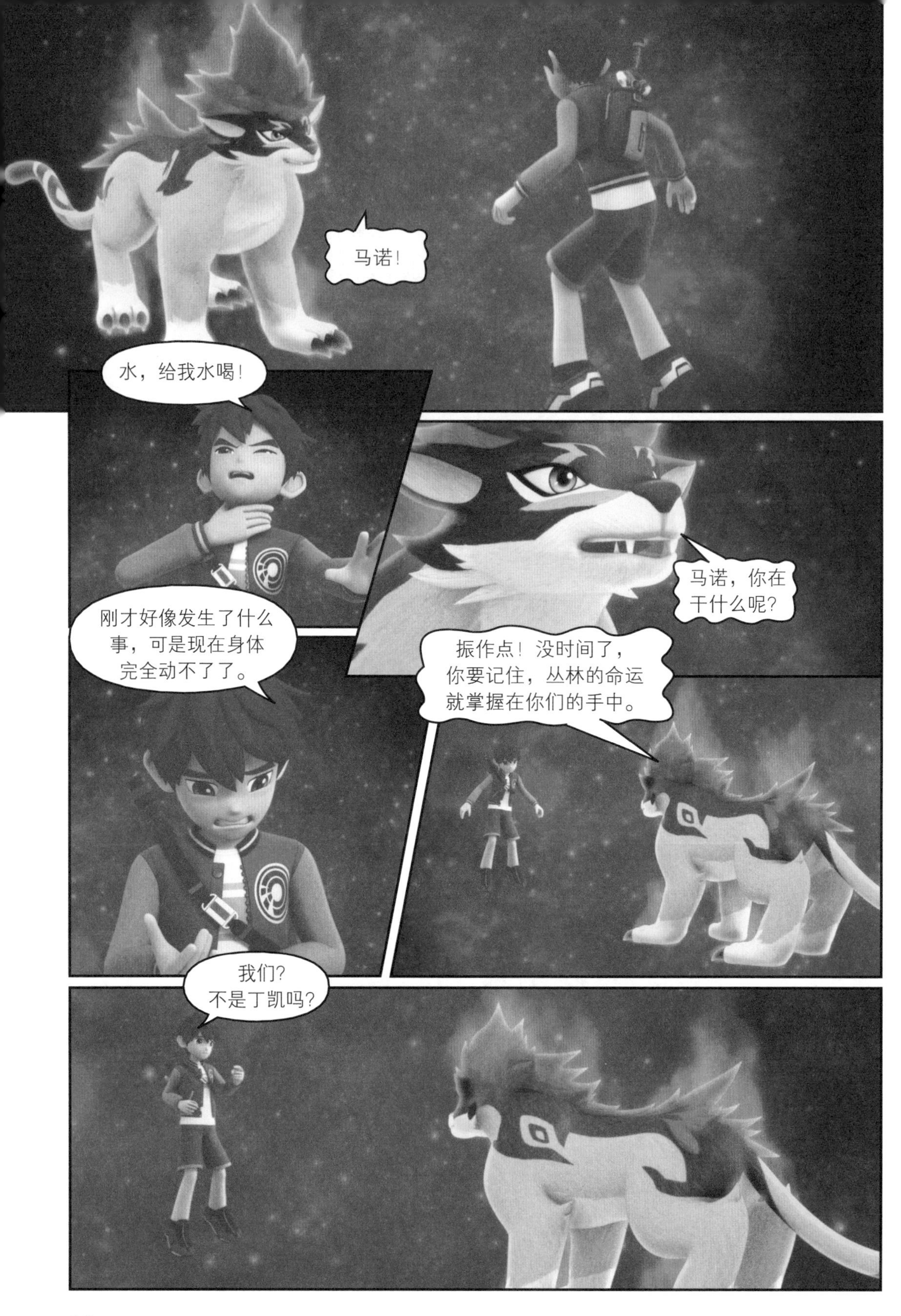
马诺！
水，给我水喝！
马诺，你在干什么呢？
刚才好像发生了什么事，可是现在身体完全动不了了。
振作点！没时间了，你要记住，丛林的命运就掌握在你们的手中。
我们？不是丁凯吗？

我们还需要很多的能量，你要收服更多的灵兽，转化为能量，然后和我一起去哈玛族要塞。
你说的我也知道！可是快帮帮我，我现在什么都做不了。
被缠住
卓玛听见奇奇的咆哮声。
奇奇！

砰
扑通
吸

嗖

扑哧

别再吃了！都是因为你，
这周围的水全都没了。
哗
哗
哗
啊
嚓
咳
咳

你还好吧?
我眼睛，
好辣!
砰
砰
跳

咔嚓
扑通
啊！
砰
慢着！
等着，我这有个朋友对付你正好！

正义之光，释放！
苏醒吧！虎甲蜘蛛！
虎甲蜘蛛
这次一局
就能定胜负了！
啊！抱歉，
虎甲蜘蛛！
让那家伙瞧瞧
谁才是真正的蜘蛛！

噗
反弹
捆

哈哈！
怎么样？
出糗了吧？身为蜘蛛连
蜘蛛网都织不好，看到
虎甲蜘蛛是不是很害怕，
你那大长腿是不是发抖了啊？
虎甲蜘蛛，
快把它给解决掉！
太好了！

如果不是奇奇，
你早就变成长老
蜘蛛的午餐了。
奇奇！
不过，
丁凯去哪儿了？
丁凯？呃，
刚才还在呢。
不会是被
吃了吧？
咔嚓

丁凯，
你没事吧？
嘿嘿，
还在逞强呢！
当然，我没事……
我……无论什么
时候……都不会有事
的……不是吗？
丁凯！
用叶子装点猪笼草水液再
回去吧！这下终于可以解决
喝水问题了。
你刚才也掉进
水液里了吧？
嗯，
好像是……
我刚才在梦里
碰到剑灵了。

什么，真的吗？
都说什么了？
它说灵兽收集得越多，它的力量就会变得越强，一直到哈玛族要塞为止。
原来如此。
你也遇到剑灵了吗？
呃……没有。
丁凯微笑一下，回忆刚才的情景。
丁凯！
阿瑟！
现在就想放弃了吗？

怎么会放弃呢?
马上就要到哈玛族要塞了。
你肯定会帮我
找到爸爸的吧?
当然！如果你能收服
灵兽把力量转化给我的话，
我就可以帮你！
我知道，现在不正
这么做呢嘛！
不！还差得远呢，
我还需要完成进化，
但你要先从这里逃出去。
让我逃出去?
对，丁凯！
快睁开眼睛
看看现实吧！

睁眼？我现在不就是
睁着眼睛吗？
不，好好睁开
眼睛往上看看。
噗
咔嚓

这时丁凯回过神来。

知识加油站

长老蜘蛛

长老蜘蛛的原型是盲蛛。盲蛛的身体为椭圆形，体长一般少于 5mm，没有触角，长得像豌豆一样。有些洞穴盲蛛确实是盲，但大部分是有眼睛的。背甲中部有一隆丘，其两侧各有一眼，背甲上还有一对腺体能分泌出一种气味难闻的物质。盲蛛的腿特长，大多数盲蛛有八条大长腿，这也给它们带来了一个绰号——长腿叔叔。

虽然盲蛛名字中有“蛛”字，外形类似蜘蛛，但实际上它与蜘蛛有很多不同。按分类来讲，盲蜘蛛属于蛛形纲盲蛛目，蜘蛛是属于蛛形纲蜘蛛目。盲蛛在分类上和蝎子的关系更为亲近，但在外貌上和幽灵蛛十分相像。蜘蛛的头胸部和腹部之间有个细长的柄连接，盲蛛的头胸部和腹部基本上愈合在一起。盲蛛不吐丝结网，也没有毒腺可以一口让猎物致命。相反，盲蛛是蛛形纲里少数的杂食类群，通常食肉食腐或食用植物和真菌。蜘蛛只能吸入流食，盲蛛则可以一口一口吞下食物。盲蜘蛛不会叮咬，所以它们对人类没有危害。

大部分盲蜘蛛生活在温热带，在山区的树干、草丛、石块下或墙角处经常可以发现。盲蛛多是夜行性的，白天更多是躲在石缝树皮里。为了御敌，很多种类的盲蛛喜欢群居，这样既可以减少被吃掉的风险，还可以让臭腺分泌的不良气味加强。

第三章

一对冤家

追赶
嗡
嗡
嗡

孩子们在丛林中继续赶路，大家都筋疲力尽的。
坚持一下！
马上就是下坡了，应该会轻松点了。
啊！水怎么又没了？
啊！
神柱
这是哈玛族地域的标识。
我们终于走到了。

正好，哈玛族
地域有附生
植物。
所以，我们马上
就会有水喝了。
附生植物?
对，附生植物。
把它的茎剪开，里面的
水就会流出来。
因为它们都附生在
树上，所以很好找。
我想起来了！是不是
人猿泰山飞的时候手里
抓的那个，对吧?

真的到了关押
爸爸的地方了吗?
还没呢，我们
还要走多远?
还要走几天才能到
要塞，但从现在开始
要加倍小心了。
因为是哈玛族的地盘,
所以不知道什么时候
就会出现危险。
别担心欣儿,
就让哈玛族人来吧!
如果你的爸爸
也在那就好了。
毕竟现在的我已经
越来越厉害了。

是啊！
万一要是生病了该怎么办？
最近开始越来越担心爸爸了，他到底在不在哈玛族？有没有受到伤害？
欣儿，别太担心了。一切都会好起来的！就像马诺说的，我们不是也越来越强了吗？
那当然了！
也对，马诺哥现在也不像以前那样呆头呆脑的了。
什么？你说什么呢！

来，我们走吧！边走
边找下附生植物！
行，你们等着，
伟大的马诺，今天就把你们要
喝的水全包了，瞧好了！
就是它，
找到了！
快过来！
看见了吧！
谁先过来……
砍

咕咚
还真给包了！
怎么回事？
看起来好像不是，
丛林里太安静了，
它们好像都睡着了。
都死了吗？
好像有什么
声音。
到底是
怎么回事？
姐姐，我的头
好疼啊！

这是超音波甲虫在扇动翅膀，听的时间太长的话，就会失去知觉。
什么？
现在要马上离开这里。
啊！
我快要受不了啦！
卓玛，你先带着兰欣儿和兰冰走远些。
知道了。

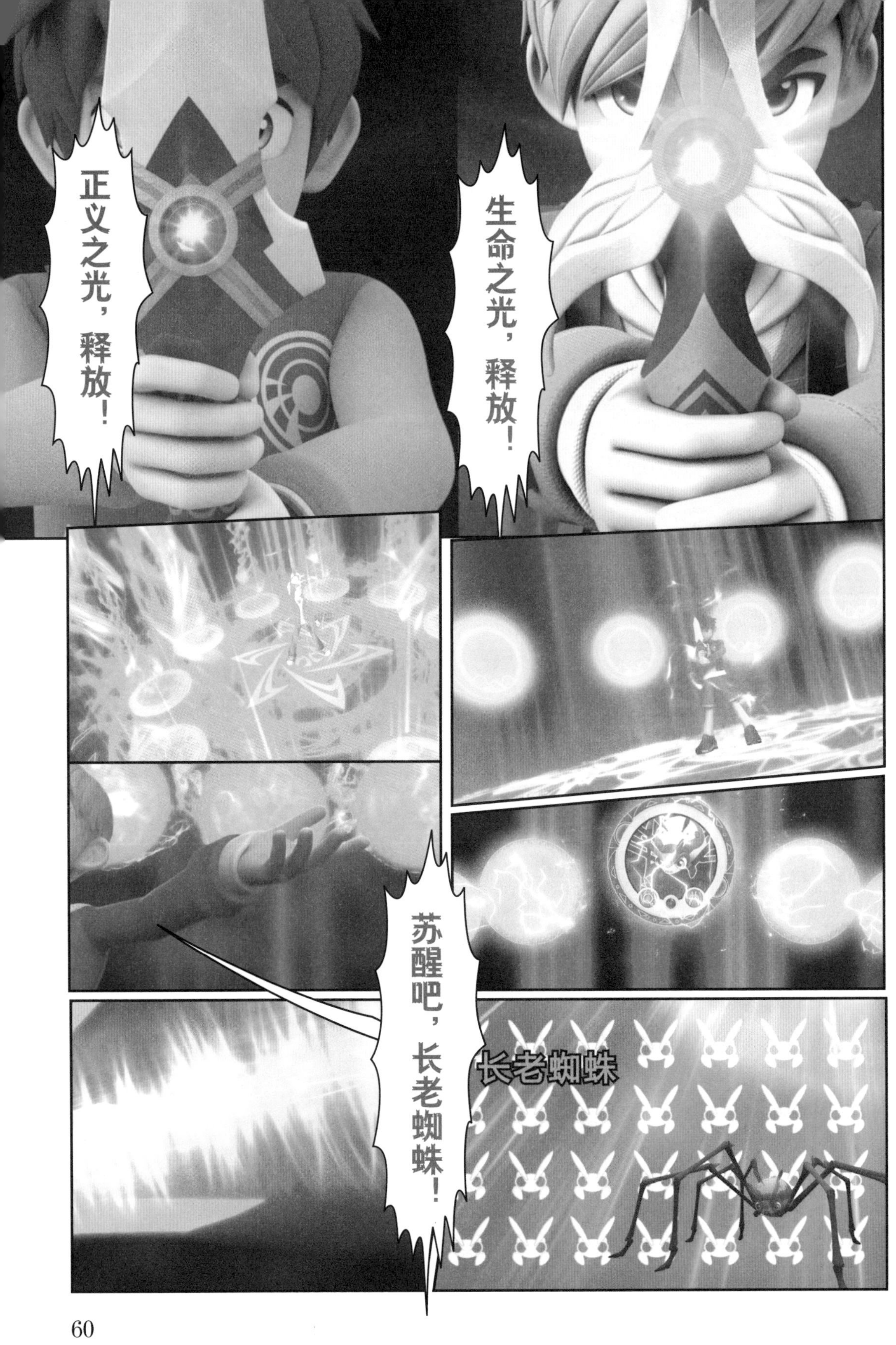
生命之光，释放！
正义之光，释放！
苏醒吧，长老蜘蛛！
长老蜘蛛

作战蜻蜓
苏醒吧，作战蜻蜓！
长老蜘蛛，快攻击这家伙的翅膀！
作战蜻蜓，快去把它击落！

避开
砰
咚
不！
砰

做得好！
发晕后退
不行，攻击翅膀
太难取胜了。
回收！

羽箭青鸾
苏醒吧！羽箭青鸾！
羽箭青鸾，快用速度扰乱那个家伙！
嗖
砰
作战蜻蜓，找机会去攻击它的翅膀吧！
砰
扑通

有了，
羽箭青鸾，先激怒它，
引它去钻树杈，
然后卡住它。

追
咚
卡住

就是现在！
砰

漂亮！
马诺，在它的翅膀重新长出来之前，要赶紧把它收服！
好的！
苏醒吧！马来貘！
马来貘
马来貘，给它见识一下污物炮弹的厉害吧！
苏醒吧！巨力犀牛！
嗷

它这是想要干什么？
砰
咻
噗
砰

怎么可能，
污物攻击居然
不起作用！
咣
扑通
吼
它居然能和
巨力犀牛
正面对战！

不要被骗了，丁凯！那家伙是在利用技巧借力打力！
是到现在为止，看到的灵兽中技能最好的家伙啊！一定要把它纳入麾下！
马诺去找马来貘。
到底去哪儿了？
噗
砰
嗷
啊！
扑通

居然还有一只。
马来貘现在很危险，马诺，赶紧把它收回来！
回收，马来貘！
砰
把荆棘刺猬变成石头的灵兽！
那是什么？

吼
吼
吼
阿瑟，我想要收服那个家伙了。
说什么呢?

苏醒吧！刀锋螳螂！
刀锋螳螂，
发动点穴攻击！
要在它们打斗的
时候进行突袭！
灵兽们是在
内斗吗？
这对我们来说
可是件好事！

咣

扑通

砰
吼

逃
超音波甲虫！
寻找
我不是敌人，
我是来救你的。
真是个
帅气的家伙！
马诺，这次
收服了一个很
强大的灵兽啊！

咚
逃
干得漂亮!
追

阿瑟，那家伙
像光一样一转眼
就消失了。
是瞬间移动！
肯定还会遇到的！
真想把它收服！
马诺，那个灵兽，
一定要让我来收服！
赶紧回去
看看吧，大家肯定
还担心着呢！
什么？呃……
暗影黑豹，
我一定会抓到
你的！

知识加油站

超音波甲虫

超音波甲虫的原型是犀金龟。犀金龟亦称独角仙，头部和前胸背板大多有明显突出的分叉角，形似犀牛角。犀金龟属于鞘翅目，栖息在全世界中温带与热带地区，主要在夜间活动，主要以树木伤口处的汁液，或熟透的水果为食。

犀金龟的眼睛长在头部的两边，是由很多单眼集合而成的复眼。触角用于寻找食物或闻味道。犀金龟雄虫头顶末端有 1 个双分叉的角突，前胸背板中央有一末端分叉的角突，背面比较滑亮。雌虫体型略小，头胸上均没有角突，但头面中央隆起，有 3 个小突横行排列。3 对长足强大有力，末端均有 1 对利爪，是利于爬攀的有力工具。

鞘翅目的昆虫属于“完全变态”，也就是必须经历卵、幼虫期、蛹期及成虫期四个阶段。它们将卵产在富含有机质的腐植叶木屑或者腐殖土中，卵孵化后全部都会经过 3 龄的幼虫阶段，成熟幼虫体躯甚大，乳白色，约有鸡蛋大小，通常弯曲呈“C”形。老熟幼虫在土中化蛹，化蛹前会将体内粪便排空，用粪便做蛹室。成虫的寿命按种类会有不同，但一般为 2 ~ 6 个月。

犀金龟很多种类体型巨大，是鞘翅目内乃至昆虫纲内“巨虫”家族之一，形状奇特，雄虫角突发达，常被作为儿童玩赏和饲养的宠物及昆虫教学使用，还可入药治疗疾病。

第四章

要塞的守护者

啊！
我们到了！前面就是哈玛族要塞了。
总算到了哈玛族要塞了。

好吧，现在就剩最后一战了！是吧？
作战目标呢
什么？当然是去和他们谈判了。
当然是救欣儿的爸爸了！
你要打算怎么救？
让他们放了欣儿的爸爸。
他们要是拒绝呢？
那就开战呗！
他们可不是灵兽，剑灵和灵兽又不能帮到我们，况且他们还是残忍凶猛的哈玛族人！
丁凯说得对！爷爷也嘱咐过我，不要和哈玛族人发生正面冲突！

那该怎么办?
最好不要硬闯！我晚上悄悄地潜进去怎么样?
我也赞同潜入!
姐姐，姐姐也在哭吗?
没，没有啊!
爸爸，我们来救你啦!
看到掉眼泪的欣儿，马诺向前跑去。
好，那就这么做!

啊！
正面一决胜负！
不要啊！马诺！太危险了！
傻小子，快给我站住！
岳父大人！
走近看墙还挺高的嘛！
要想翻过去，恐怕还挺困难的。
门好像也不是轻易就能打开的吧？
这时候要是有一个灵兽就好办多了。

那是什么？
感觉有点怪怪的呢。
能是哈玛族的
吧？爷爷以前
我说过。
真的，感觉好像能动似的。
踢
说什么呢？我怎么看都只是个木雕嘛。
捶打
啊
马诺，附近好像有灵兽！

雕像开始晃动。
啪
啪
快躲开！
木雕好像要掉下来了！
不，不是在掉，而是在动！
原来是只灵兽！
吼

大家快跑!
快跑到丛林里去!
啊

兰冰！
你们赶紧去帮助兰冰，
我和马诺来对付这家伙！
之后再一起去找你们会合。
正义之光，释放！
生命之光，释放！

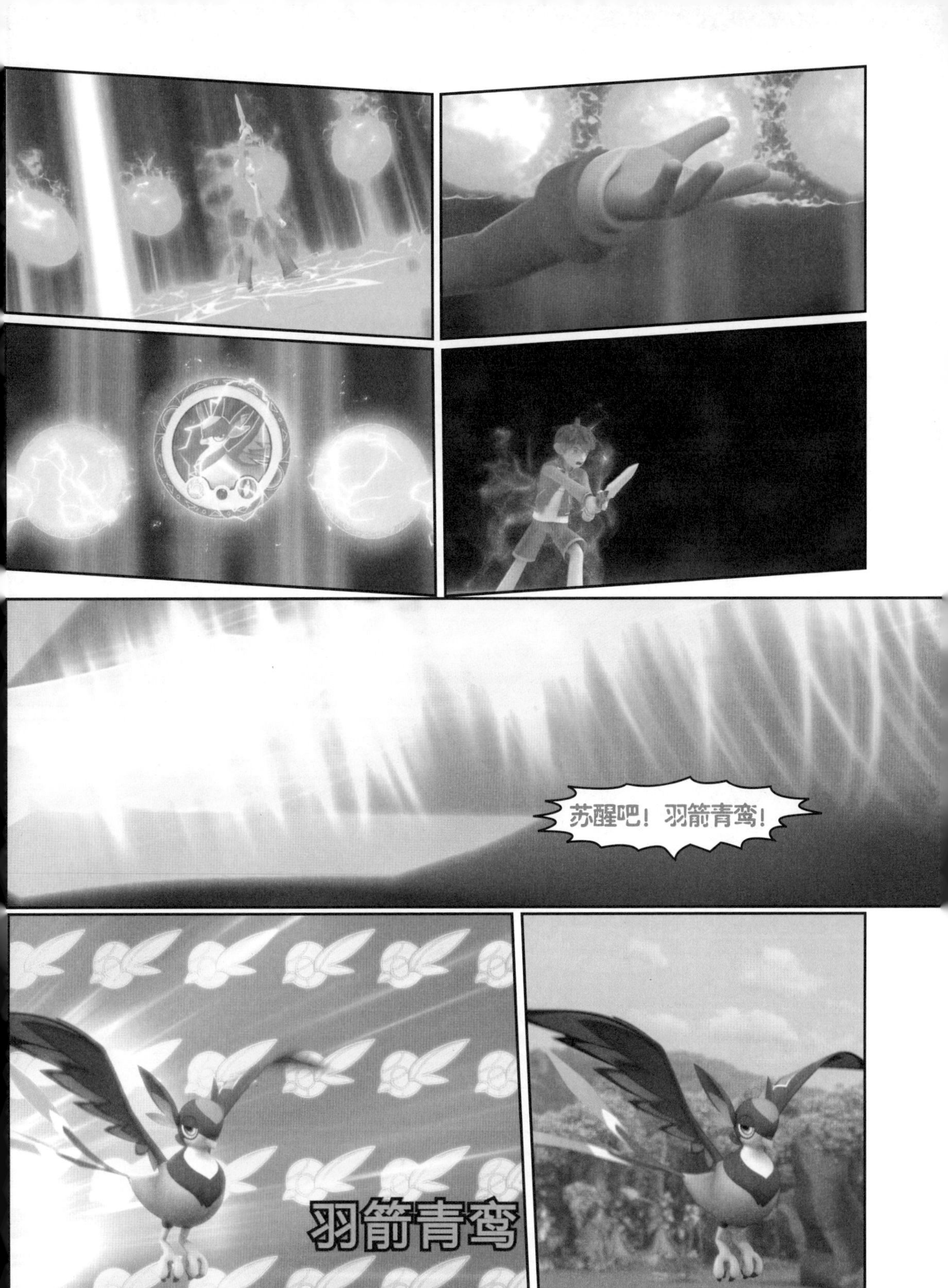
苏醒吧！羽箭青鸾！
羽箭青鸾

苏醒吧！作战蜻蜓！
作战蜻蜓
羽箭青鸾，给它点颜色瞧瞧！
作战蜻蜓，赶紧协助羽箭青鸾一起作战！
是龙卷风！
丁凯，小心！

丁凯！

回收！

不好，赶快先躲到林子里去吧！
马诺，先躲起来！
马诺，先藏进林子里。

啊
咣

还好吧？
哦，你说呢？
灵兽在哪儿？
那家伙回去了。

不知道兰冰他们
怎么样了？
卓玛姐姐，姐姐，
我在这儿！
兰冰！
兰冰，你还好吧？

姐姐，快拉我下来！
兰冰！
欣儿，在这边！
那现在
怎么办？
马诺和丁凯躲在树丛中观察雄鹰。
它怎么还在
原地转悠？
那家伙应该只是要
阻止我们进要塞！
让它的翅膀变得
无力怎么样？
但不能飞也不一
定会变弱吧？
没错，不过落地之
后会更好解决吧！
让它落地？
好，我准备好了！
我也是！

苏醒吧！马来貘！
苏醒吧！毒刺蜜蜂！
毒刺蜜蜂
马来貘

毒刺蜜蜂，集中
攻击它的翅膀！
马来貘，用你的
污物炮弹去攻击
它的翅膀吧！

啾
啾

扑通
咚
不简单啊！

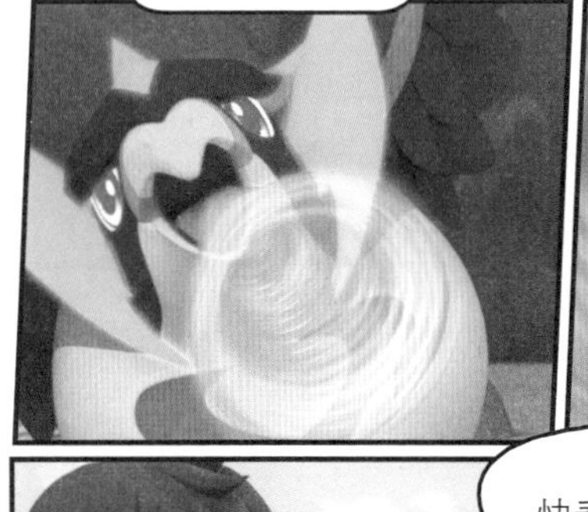

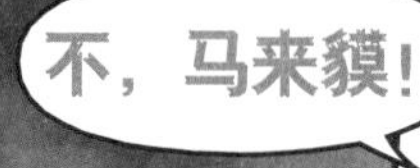
不，马来貘！
扑通
马诺，
快看那岩石，
用它来击败
那只鹰。
你说弄塌
岩石？
对，以前不是
试过吗？巨力犀牛
说不定能做到！

好，那我负责把它给引过来！
回收！
回收！
苏醒吧！超音波甲虫！
出噪声去扰乱那家伙！

好，苏醒吧！巨力犀牛！
巨力犀牛，趁现在！

全速前进撞倒
前面的岩石！
不不，不是现在，
注意听我信号！
急刹车

巨力犀牛，就是现在！
犀牛因超声波没能听见命令。
马诺！
超音波甲虫，把声音停下！
砰
巨力犀牛，就是现在！

轰隆隆
回收！
回收！

来，快收服它吧！
这个是你的。
多谢，马诺！
终于收服到强大的
灵兽了！
喂，大伙！
兰冰，你还
好吗？
你们也没事吧？

你们居然打败了神勇雄鹰，真厉害啊！
那当然，我们现在也越来越强了！
虽然一直都在说，但这世上就没有能挡住天才马诺的人！
来，现在快点进去找我的岳父大人吧！
什么？
嘎吱
啊！门开了！

知识加油站

神勇雄鹰

神勇雄鹰的原型是华氏鹰雕。华氏鹰雕属于隼形目鹰雕属，是一种偏大的猛禽，雄体长约 70cm，雌性体长约 80cm。它们头部有明显突出的冠，翅膀长而圆，身体的背侧为深棕色，羽毛的边缘白色，腹侧的颜色较浅。在成年华氏鹰雕的尾部有明显的白色条纹。当它们单独生活或与雄性或雌性一起生活时，会展开翅膀并在巢穴周围盘旋飞行，但是当发现食物时，它们会收起翅膀并用锋利的爪子抓起食物。它们一般活跃于西马来西亚、新加坡、苏门答腊和婆罗洲的山地森林，通常单独或雌雄共同生活，会在树上建鸟窝，每次只生一只蛋。在 4 ~ 5 月产卵，雌性孵化 28 ~ 30 天。雄性负责寻找食物，并在 6 个月离开巢穴，幼仔继续与母亲一起行动。它们的食物主要是啮齿动物（老鼠和兔子等）和鸟类。

第五章

剑灵之谜

怎么没有人呢?
说不定藏在哪里
监视我们呢。
难道是知道哥要来
提前逃掉了?
应该不是,
你看看那!
看起来好像发生
过打斗。
难道他们都已经
逃走了吗?
爸爸!
爸爸!

爸爸，你在哪儿啊？
我和小冰来救你了！
欣儿，现在还不清楚具体
情况，先冷静一下！
可是爸爸他……
大家会一起帮
你找的！
喂！你们这些哈玛族
的，都藏哪儿去了？
我去里面看看！
好，那我也去看看！
欣儿，你和兰冰不要
动就在这等我们。
知道了，你也小心点。

lucky
lucky

奇奇！怎么了？
果然是灵兽！
肯定藏在那里面！

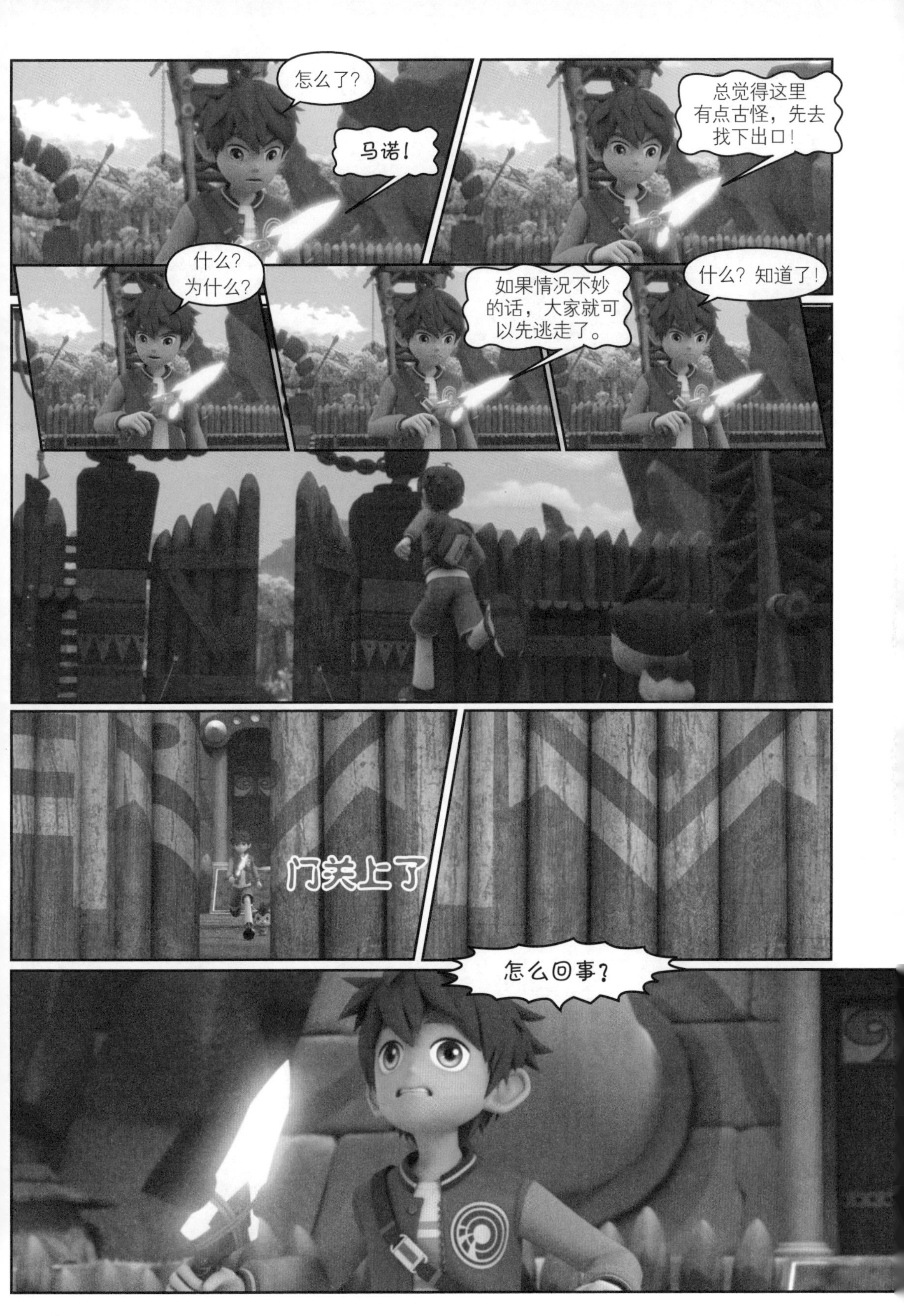
怎么了?
马诺!
总觉得这里有点古怪，先去找下出口!
什么?为什么?
如果情况不妙的话，大家就可以先逃走了。
什么?知道了!
门关上了
怎么回事?

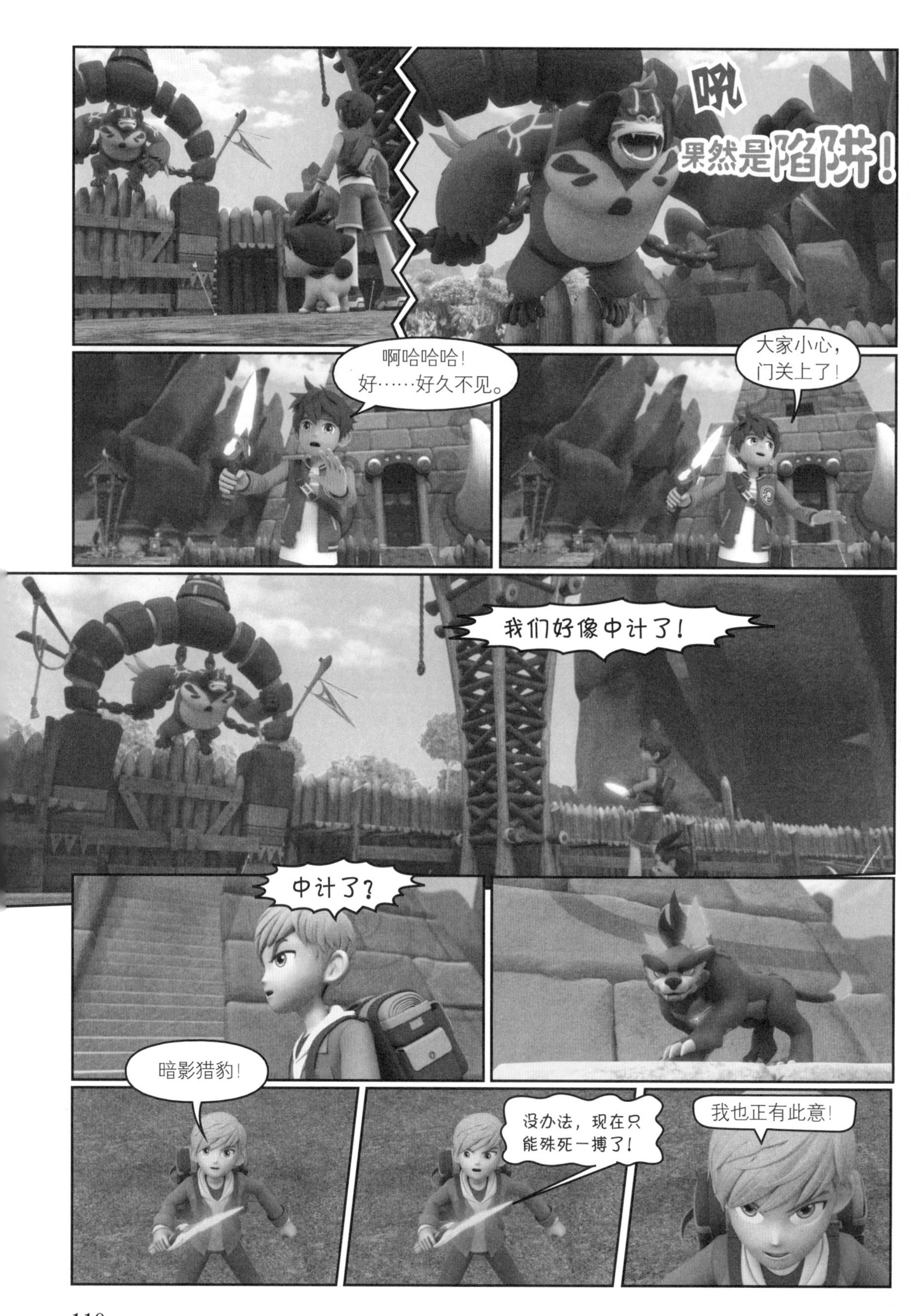
吼
果然是陷阱！
啊哈哈哈！
好……好久不见。
大家小心，
门关上了！
我们好像中计了！
中计了？
暗影猎豹！
没办法，现在只
能殊死一搏了！
我也正有此意！

苏醒吧！寒冰蛇王！
嗷
居然这么大！
避免发生正面冲突！
好！那就来吧！
正义之光，释放！

苏醒吧！超音波甲虫！
超音波甲虫，记住不要发生正面冲突，先去好好气气那家伙！
挺住啊！超音波甲虫！
好像行不通啊！

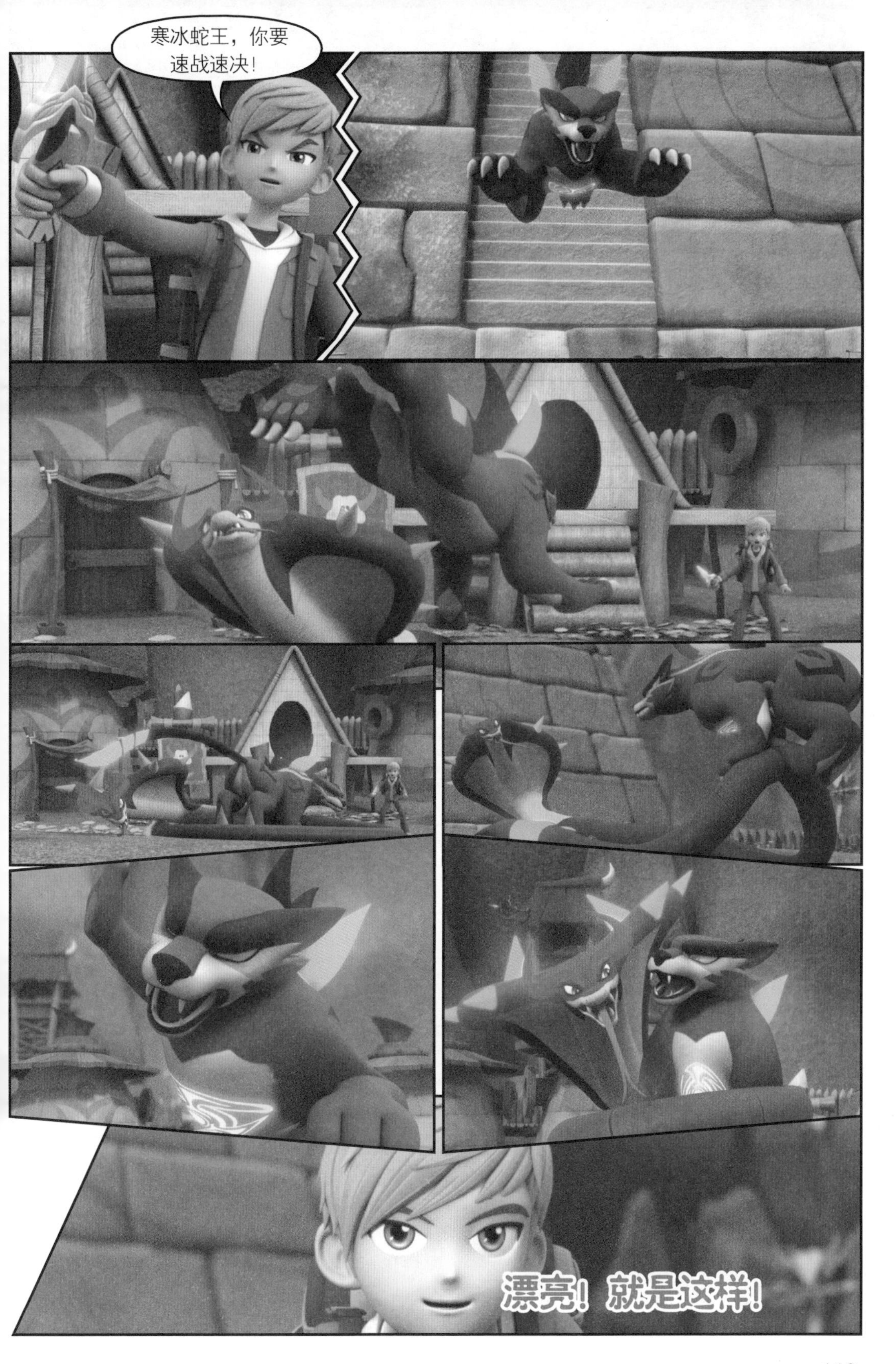
寒冰蛇王，你要
速战速决！
漂亮！就是这样！

咳
噗
看来寒冰蛇王没有胜算！
快换其他的灵兽吧！
知道了！
回收！寒冰蛇王！
这回我可要放大招了！
苏醒吧！神勇雄鹰！

神勇雄鹰，展现出你的实力吧！
漂亮！
嗖
扑通
另一边。

旋转
不好！超音波甲虫，
快防御！
快利用噪声！
好，就是这样！
咣

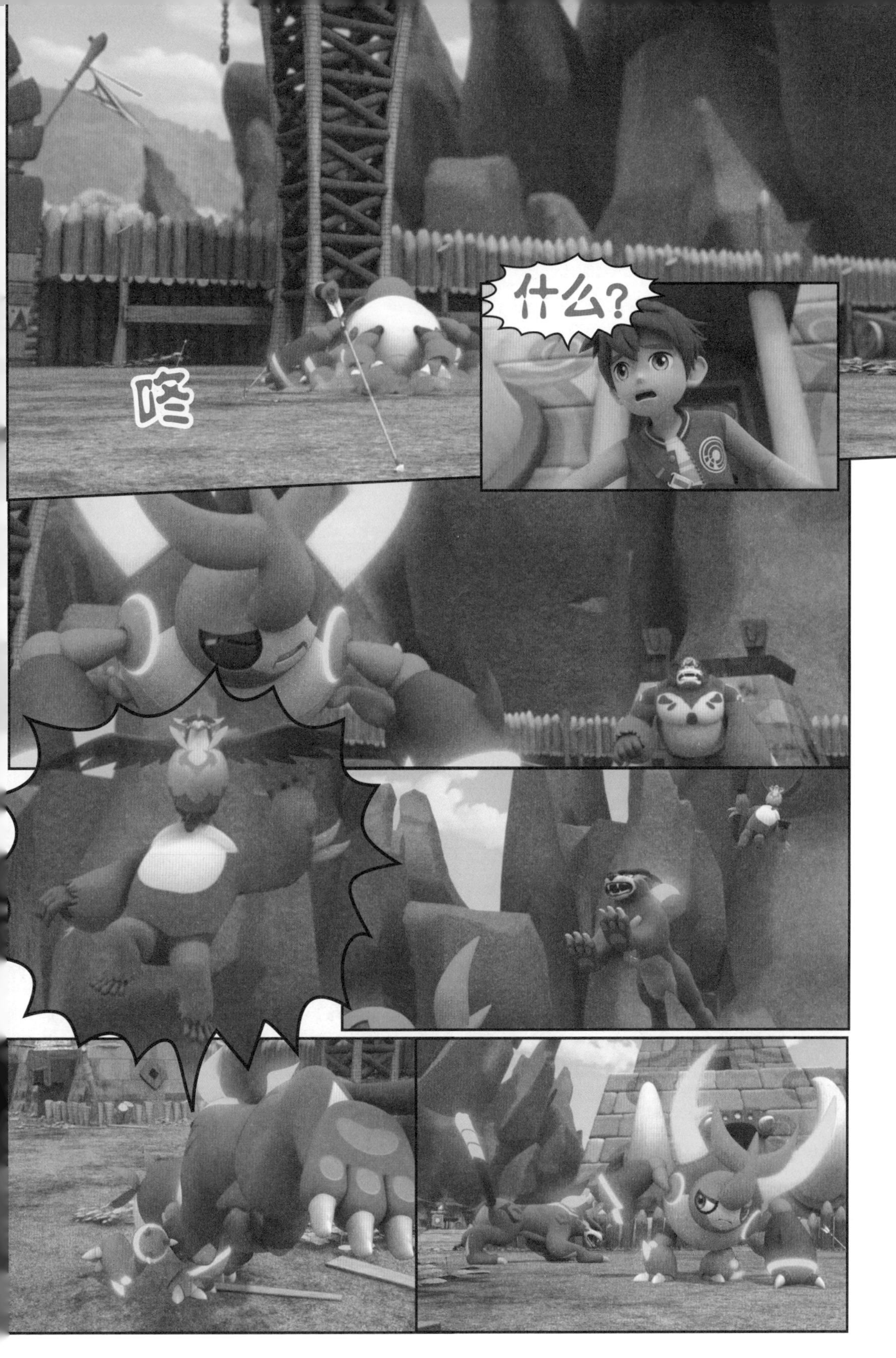
咚
什么？

扑通
它俩到底是有什么个人恩怨吗？一见面就斗个没完！
我也不知道，可真是冤家路窄啊！

这样不行，赶紧夹击吧！
好，那就先攻击暗影猎豹！
超音波甲虫，赶紧用噪声击退暗影猎豹！
逃
这次换大金刚了！

背后攻击大金刚。
超音波甲虫的能
快要耗尽了！
超音波甲虫，把你最后的
力量全都使出来吧！

神勇雄鹰，快围住
那家伙!
力量这么惊人？超音波
甲虫，快去了结它!
轰隆

辛苦你了，超音波甲虫！
回收！
苏醒吧！
长老蜘蛛！
大金刚被长老蜘蛛抓住。
不好，那家伙想带着长老
蜘蛛从高处往下跳。
不能让它任意妄为！

坠下
抓住
太好了！
终于做到了！
它就让给你了。
真的吗?
当然！我有个更
中意的家伙！
快来我这里吧，
大金刚！
神勇雄鹰，
干得漂亮！

回收！
辛苦了，长老蜘蛛！
暗影猎豹突然奔来。
危险！
咣

马诺，还好吧？
快振作起来！

苏醒吧！刀锋螳螂！
刀锋螳螂，这次一定要拿下这家伙！
开始吧，让我们并肩战斗！

砰
哨
哨
现在，你就是我的了！

不要！
这时，大金刚出现在猎豹身后。
大金刚，让它瞧瞧你的厉害吧！
在塔顶对峙。
哇！这么激烈啊！
哨
哨

回收！暗影猎豹！
回收！
终于抓到了！
丁凯！
马诺！

阿泰这是怎么回事?
剑的能量全都聚齐了!
那现在该怎么办?
让剑去它想去的地方!
那上面和发现剑的祭坛一模一样啊!

知识加油站

萤火虫

萤火虫属鞘翅目萤科，是一种小型甲虫，其尾部能发出萤光。萤科通称“萤火虫”，广东话也有称为“打火虫”。据统计，种类约有 150 多种。萤火虫分布于热带、亚热带和温带地区，生活在水边或湿润的环境，通常在夜间活动，可分为水生类和陆生类两种。体型小至中型，长而扁平，体壁与鞘翅柔软。雄性的眼常大于雌性。肉食性，捕食蜗牛、蛞蝓等软体动物和蚯蚓等环节动物，获得猎物后，用上颚将分泌液注入猎物体内，进行体外消化，然后再吸入体内。

萤火虫腹部末端的发光器官中有专门的发光细胞，萤火虫的卵、幼虫、蛹和成虫都能发光。萤火虫幼虫的发光被认为具有警戒、恫吓天敌的作用，而成虫被认为利用闪光进行种的辨认、求偶及诱捕，黄绿色萤光的发光时间一般只维持 2 至 3 小时，不同种闪光间隔不一样。大部分的动物发光是为了诱引食物或避开它们的天敌等，只有萤火虫夜间发光以吸引异性交配。雄萤在空中飞行过程中发出特异性的闪光，雌萤回应的闪光的持续时间和间隔时间都具有物种特异性，因此可以向雄萤提供物种信息、性别信息和地点信息等，雄萤就借此发现并定位雌萤。

第六章

最后的战斗

这把剑好像还
需要更强的能量!
那我们还要
去神殿里面吗?
貌似得去!
要从那边的
台阶上去!
马诺!
赶紧先让大家
出去,快!

什么?
这里好像很危险，
大家快走！
什么?
大家快跟上来！
砰
感觉这里面有股
不寻常的力量！
好强大的
一股力量啊！

赶快现身吧，
我们是不会怕你的！
居然敢向我挑战！
嗷
啊
啊啊啊

啊
啊
阿泰！
阿瑟，到底是怎么回事？
现在，你马上把路给我们让开！听到了吗？
你这个阴谋的主使者，投降吧！
你这自不量力的家伙，等我们办完了正事儿再来解决你！
封印？不知道你在说什么？
曾经被封印的手下败将！居然还敢在这里大言不惭！

给我听好了！
我今天就是专程
来送你们上路的！
哈哈哈！
听起来真像是个
冷笑话！
在说笑话的是你吧！
你也给我们听好了！
再不赶紧让开，
这里就是你的
坟墓！
居然敢挑衅我！
好，就让我来
收拾你吧！
正义之光，释放！
剑没有任何反应。
这……这到底
怎么回事？
马诺，不是说过了
吗？我一出来你就
无法再使用剑了。
而且那家伙
也不是灵兽！

真是的！
那你不早说！
阿瑟，现在该
怎么办？
这次让我们来！
你们快离开，这是
我们之间的战斗！
嗷
扑通

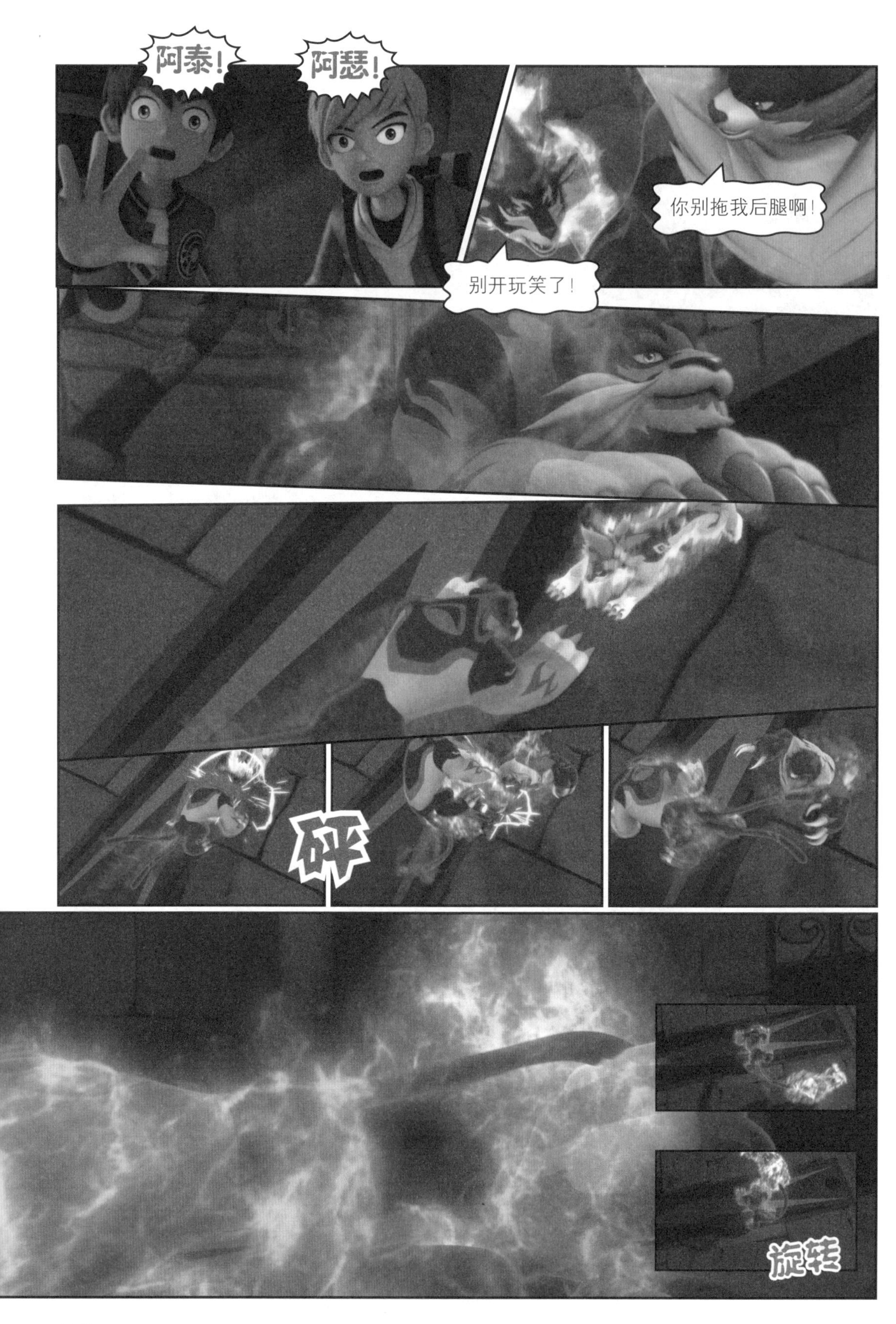
阿泰！
阿瑟！
你别拖我后腿啊！
别开玩笑了！
砰
旋转

阿瑟！
咚
阿瑟，
你还好吗？
马诺，快和丁凯一起
把剑插到神殿上面去！
我们需要更大的能量！
知道了！
丁凯，快走吧！
不过……我们现在更需要
剑的所有力量！

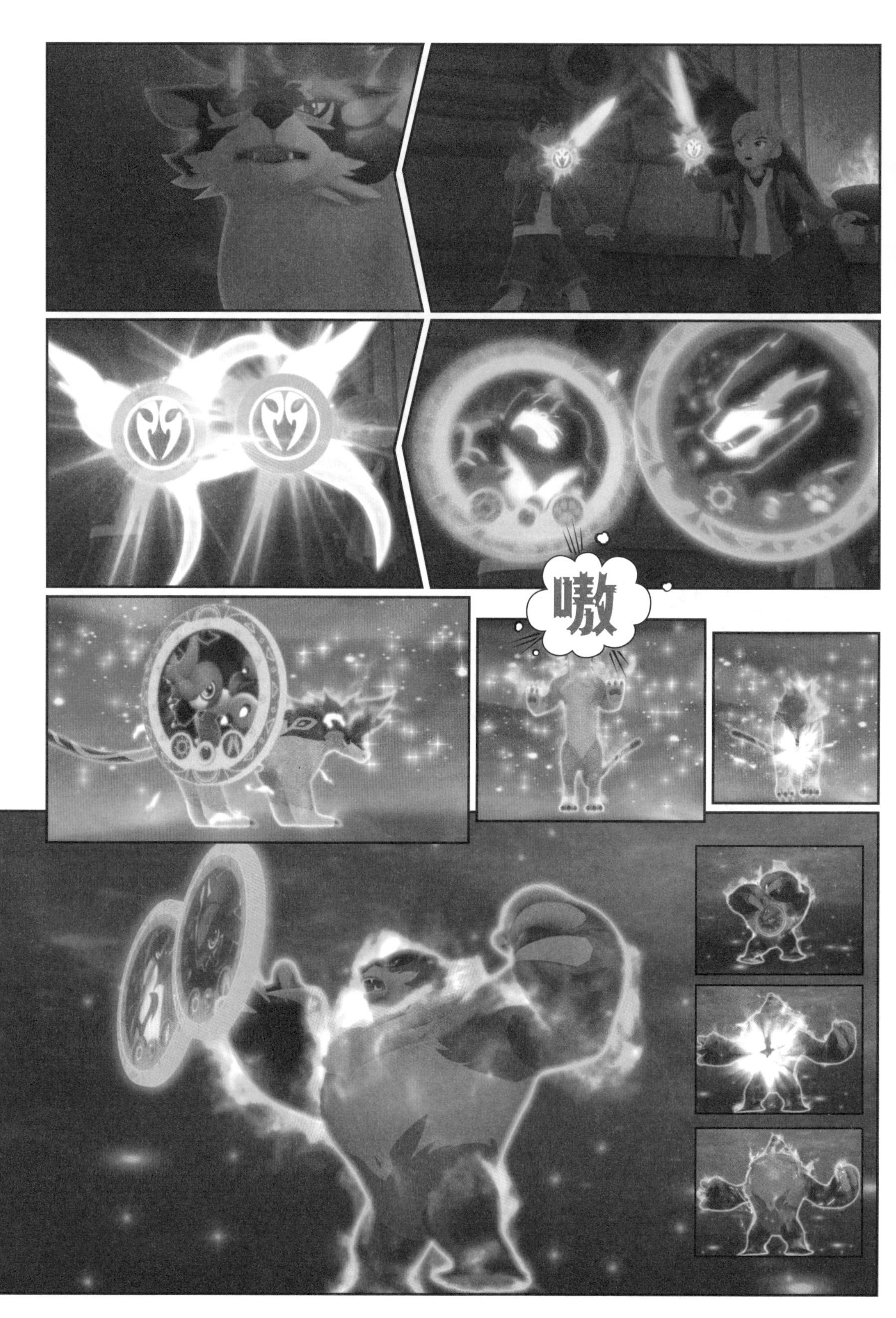
嗷

以为这样就
能打败我吗?
那就要试试
看了!
想往哪儿逃!
啊
甩

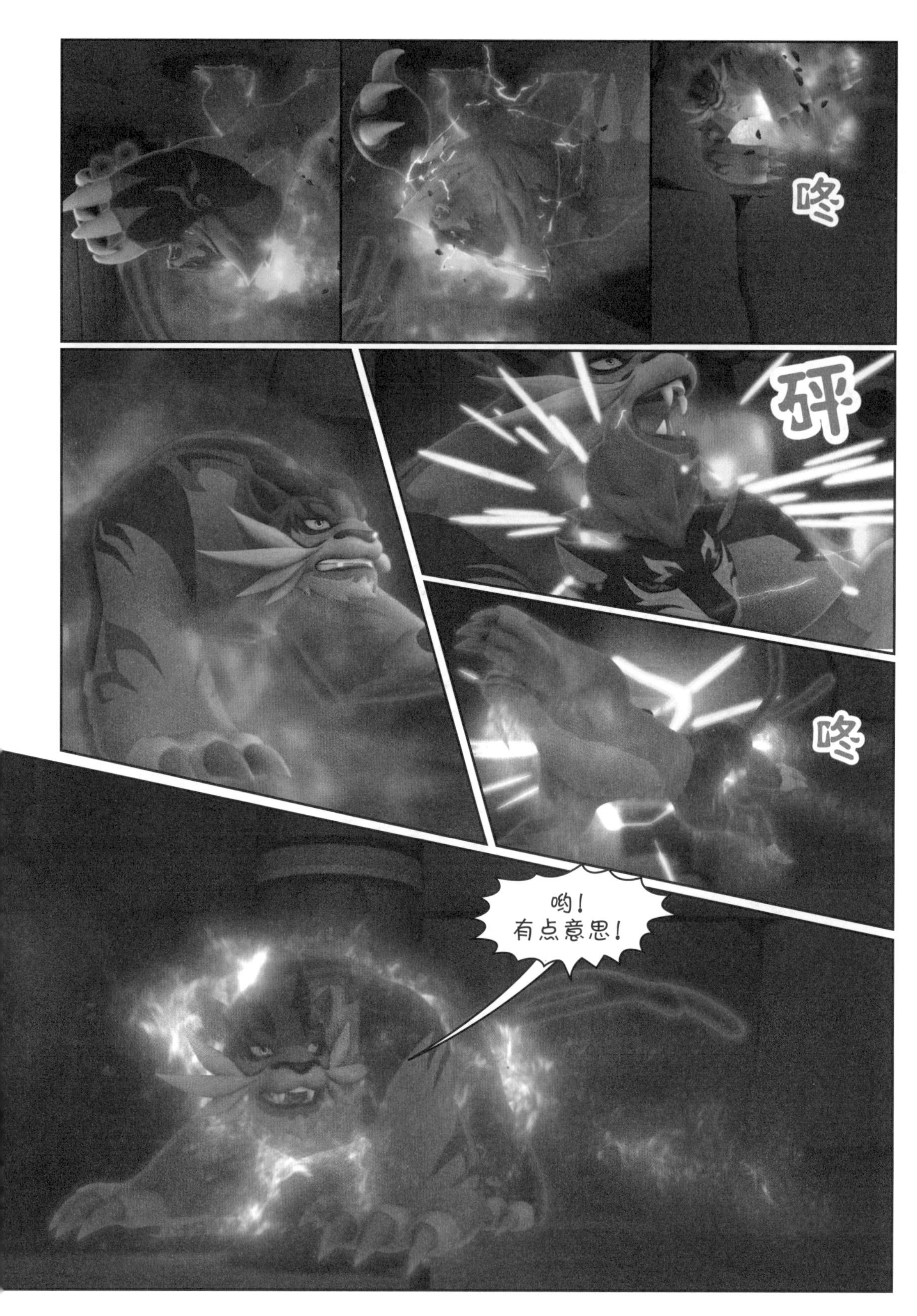
咚
砰
咚
哟！
有点意思！

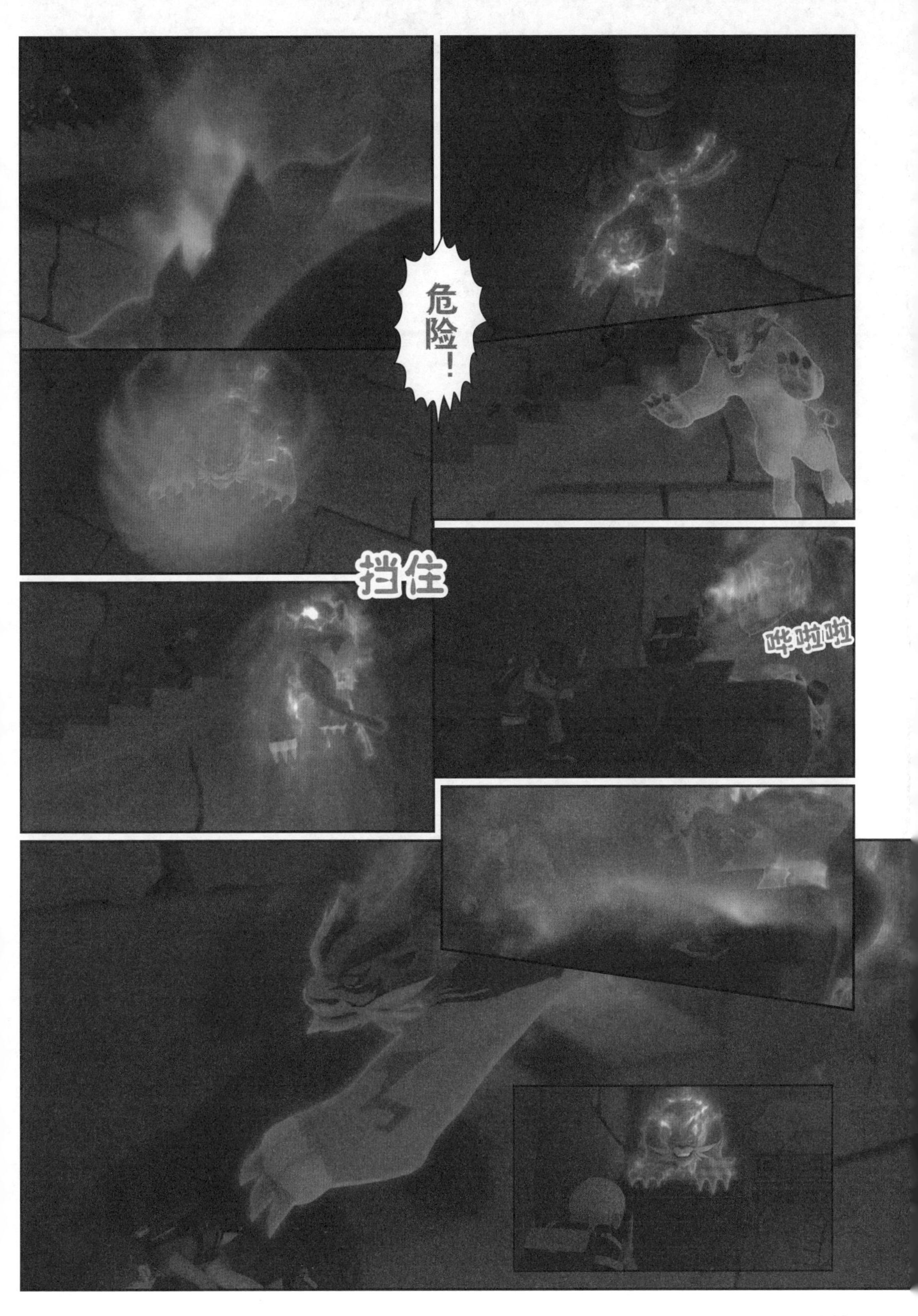
危险！
挡住
哗啦啦

摁住
扔
咚
怎么办？丁凯！
要不我们跑回去吧？
没用的，
门都已经关上了！
洞口

这旁边有台阶！
嗷
啊？

想上祭坛？别白日做梦了！
现在怎么办？
没时间了，办法只有一个！
直接打败他们一路冲过去！
好主意！
疯了吗？居然想在这么窄的地方打架！
不是我们在挡住他们要打架的吗？
造下声势，一起全力进攻！
知道了！

冲
快！挡住他们！
我……我们是善良友好的哈玛族人民！
你们到底是什么人？
老实交代，你们是不是知道兰博士在哪儿？

我们不知道，
知道也绝不能说！
我们是不会背叛
驯兽师大人的！
哼！反正你们
也到不了砂拉越的！
砂拉越？
你这个笨蛋！
好！我们一定
会去砂拉越的！
哐
等着瞧吧！

就这点
能耐啊？
砰
哗啦
压住

马诺和丁凯被震动声吓到了。
嗯，没问题！
快点上去吧！加把劲，马诺！
是不是很沉哪？要不我帮你们挪开吧！
用尾巴把石头挪到了空中。
不不，还是再给你们加点重量吧！

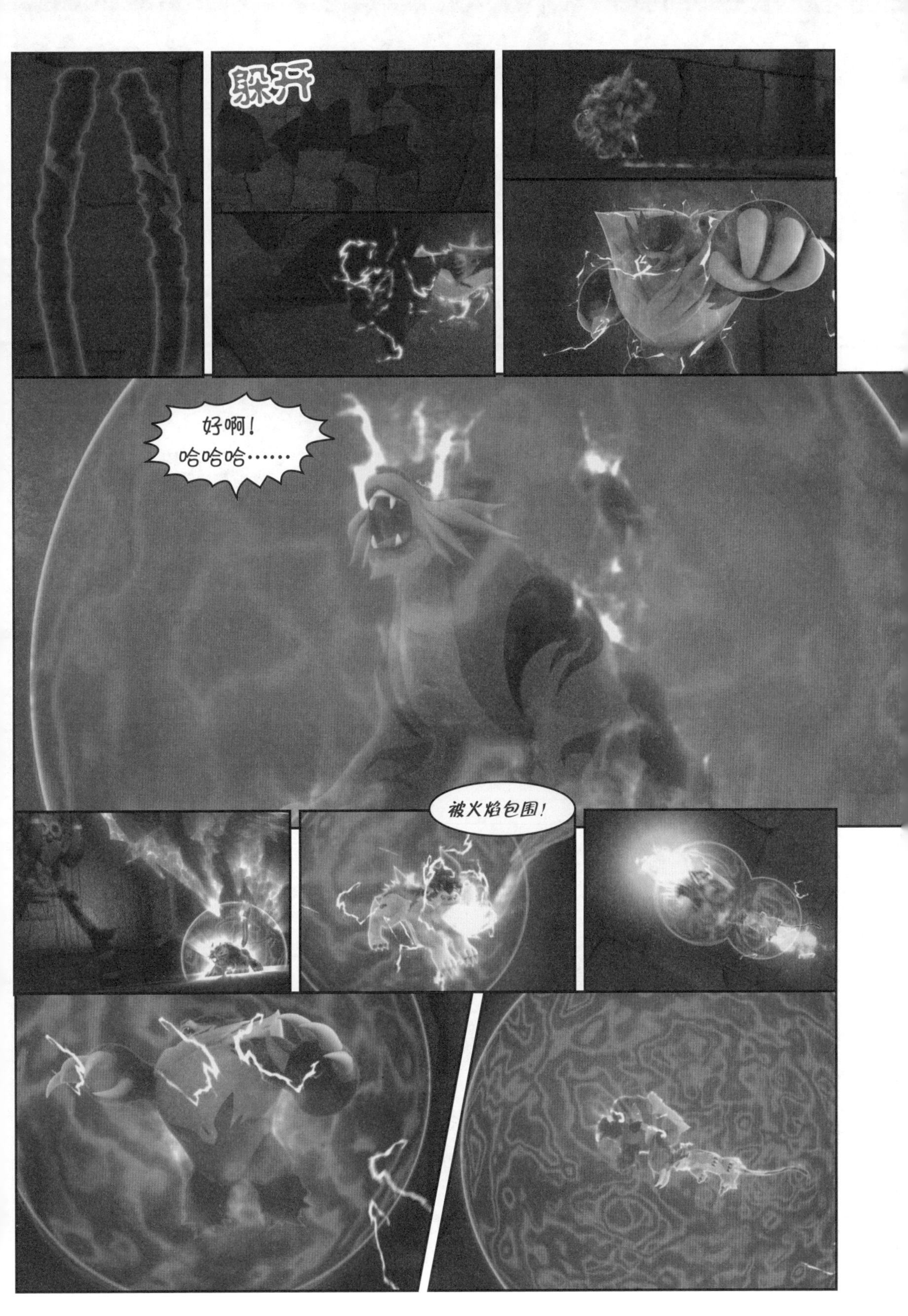
躲开
好啊！
哈哈哈……
被火焰包围！

在那儿！
扑通
到此为止吧！

嗷

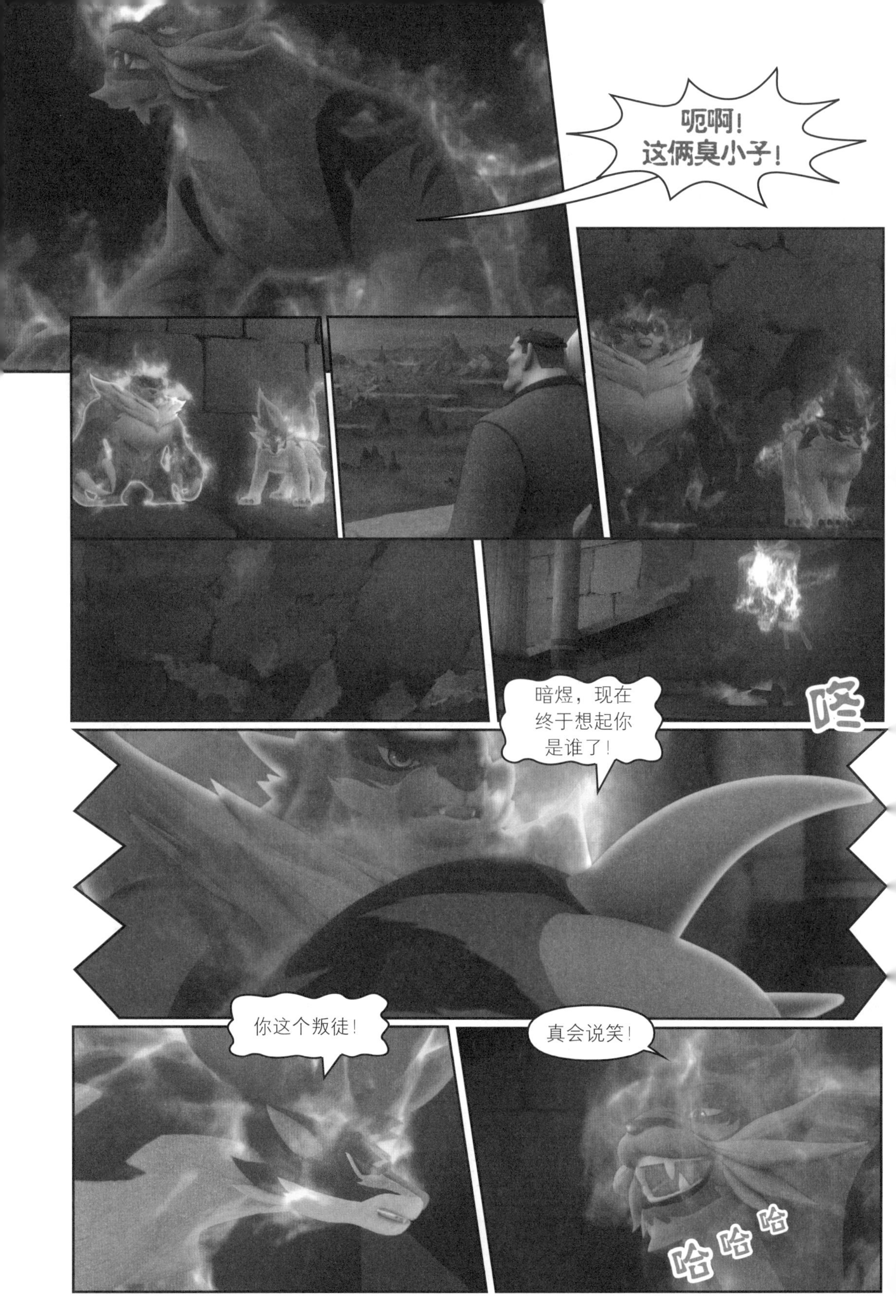
呃啊！
这俩臭小子！
咚
暗煜，现在
终于想起你
是谁了！
你这个叛徒！
真会说笑！
哈哈哈

暗煜！
是，主人！
回来吧！
可是……主人！
吼
吼
吼
沙巴已经不再是我们的地盘了，以后还有机会除掉他们的。

阿泰！
阿瑟！
马诺，丁凯，快送我们去丛林的心脏！
丛林的心脏？
经过塔鲁曼再到砂拉越，有些事只有在那儿才能了结！
砂拉越？我们能走到那吗？
虽说很危险，但你们一定能够做到！相信我吧！

这不只是在守护丛林，更是在救这里的所有人！
只要守护了丛林，欣儿的爸爸就会平安无事！
救人当然可以！不过我们还要去找丁凯和欣儿的爸爸呢。
真的吗？那我爸爸也在那儿吗？
所有的谜团到了那儿就都会解开了！这也是我和阿泰的使命！
只是一路上可能会危机重重。
其实现在也挺危险的。
不过别担心，我们会陪在你们身边的！
到时还会有更强的灵兽加入进来！而且……
而且？

你们也会……
越来越强的！
哇

这是什么?
怎么回事啊?说好的会变更强呢!
怎么全都变成石头了?
等他们来到塔鲁曼之后,再除掉他们!

知识加油站

暗煜

暗煜的原型是马来亚虎。马来亚虎属于猫科动物，是马来西亚国徽上的护盾兽。马来亚虎分布于马来半岛中部和南部。马来亚虎体型介于苏门答腊虎和巴厘虎之间，是第三小的老虎亚种。它的力气很大，犬齿和爪极为锋利，脚上长有很厚的肉垫，行动时发出的声音很小。

马来亚虎是典型的山地林栖动物，生活在热带雨林和常绿阔叶林，围绕森林间的河流活动，常出没于山脊、矮林灌丛和岩石较多或砾石塘等山地，以利于捕食。在被放弃的农地区域周围也有出没，但很少生活在太接近人类居住或道路附近的地方。它属于夜行动物，基本在太阳落山后才开始活动，具有敏捷的弹跳力，会吃水鹿、野猪、野鸭子等动物。虎常单独活动，每只虎都有自己的领地，只有在繁殖季节雌雄才在一起生活。寿命为 15 ~ 20 年。

马来西亚半岛约有 600 ~ 800 只野生马来亚虎存在。马来西亚政府已立法保护马来亚虎，严禁人们捕杀，不过由于迷信老虎全身是宝，非法捕杀活动防不胜防，导致马来亚虎数量越来越少，属于濒危物种。